# Welcome

Thank you for choosing Page A Day Math, a great way to introduce essential math basics and writing numbers. Page A Day Math books help your child develop a solid math foundation through daily step-by-step practice, repetition, and of course, the friendly Math Squad!

How to Use This Book
1. Student traces and solves each problem, completing a page a day, front and back.
2. Parent checks answers and circles incorrect problems.
3. Student corrects errors.
4. Student colors in achievement stars each day when finished!

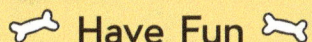 Have Fun

Copyright © 2017 by Page A Day Math. All rights reserved. Published by Page A Day Math LLC. Page A Day Math with the Math Squad is a trademark of Page A Day Math. Page A Day Math and Page A Day Math with the Math Squad and all associated logos are trademarks and/or registered trademarks of Page A Day Math LLC.

ISBN – 978-1-947286-06-1

No part of this publication may be reproduced, stored in a retrieval system, or transmitted in any form or by any means, electronic, mechanical, photocopying, recording, or otherwise, without written permission from the publisher. For information regarding permission, write to Page A Day Math, Attention: Permission Department, 6890 E Sunrise Dr. Suite 120-203, Tucson, AZ 85750. Created and written by Janice Auerbach.

Getting Started

This book belongs to _____

Dear Super Hero Math Student,

You can be a Math Squad Super Hero like Flo, Jo, Bo, Zo, and me! Practice every day and you'll be a math star too!

P.S. Check out what my math buddies and I are up to in the Math Squad Monthly at www.PageADayMath.com.

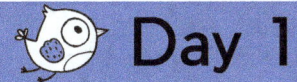
Day 1

Count ➪ 0 + 🦴 = 🦴

Learn ➪ 0 + 7 = 7

Trace ➪ 0 + 7 = 7

Copy ➪ ☐ + ☐ = ☐

Zo says, "Practice and be a math star like me!"

1) 7 + 0 = ☐   6) 4 + 6 = ☐

2) 0 + 7 = ☐   7) 6 + 5 = ☐

3) 10 + 6 = ☐   8) 9 + 6 = ☐

4) 7 + 6 = ☐   9) 0 + 7 = ☐

5) 7 + 0 = ☐   10) 6 + 8 = ☐

Day 1

Wow, you are learning fast. Here are a few more.

11) 0 + 7 =
12) 6 + 10 =
13) 2 + 6 =
14) 8 + 6 =
15) 6 + 4 =
16) 8 + 3 =
17) 5 + 6 =

18) 3 + 6 =
19) 1 + 6 =
20) 6 + 9 =
21) 8 + 2 =
22) 9 + 5 =
23) 7 + 6 =
24) 8 + 5 =

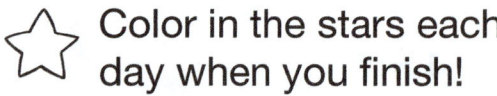

Color in the stars each day when you finish!

Day 2

Count ⇨ 🦴 + 🦴🦴🦴🦴🦴🦴🦴 = 🦴🦴🦴🦴🦴🦴🦴🦴

Learn ⇨ 1 + 7 = 8

Trace ⇨ 1 + 7 = 8

Copy ⇨ ☐ + ☐ = ☐

You are on your way to success! Try these!

1) 1 + 7 =

2) 7 + 1 =

3) 6 + 5 =

4) 3 + 6 =

5) 1 + 7 =

6) 9 + 5 =

7) 6 + 2 =

8) 7 + 1 =

9) 1 + 6 =

10) 0 + 7 =

Day 2

You are coming along. Practice makes perfect!

11) $1 + 7 =$

12) $5 + 6 =$

13) $9 + 6 =$

14) $6 + 3 =$

15) $7 + 0 =$

16) $8 + 5 =$

17) $6 + 7 =$

18) $6 + 1 =$

19) $10 + 6 =$

20) $4 + 6 =$

21) $2 + 6 =$

22) $7 + 1 =$

23) $9 + 5 =$

24) $8 + 6 =$

 Color in the stars each day when you finish!

Day 3

Count ⇨ ▨ + ▨ = ▨

Learn ⇨ 2 + 7 = 9

Trace ⇨ 2 + 7 = 9

Copy ⇨

Hurray! Keep going. You've got it.

1) 2 + 7 =   6) 7 + 1 =

2) 7 + 2 =   7) 5 + 7 =

3) 5 + 9 =   8) 7 + 2 =

4) 4 + 5 =   9) 5 + 5 =

5) 2 + 7 =   10) 8 + 5 =

Day 3

Alright! Now review what you have learned so far.

11) 2 + 7 =

12) 6 + 2 =

13) 9 + 6 =

14) 6 + 3 =

15) 7 + 2 =

16) 6 + 8 =

17) 4 + 6 =

18) 7 + 1 =

19) 2 + 7 =

20) 7 + 6 =

21) 6 + 1 =

22) 10 + 6 =

23) 9 + 5 =

24) 5 + 6 =

 Color in the stars each day when you finish!

Day 4 Review

Practice makes perfect. That's right!

1) 5 + 3 =

2) 3 + 2 =

3) 5 + 2 =

4) 2 + 9 =

5) 3 + 4 =

6) 5 + 5 =

7) 7 + 5 =

8) 9 + 4 =

9) 10 + 5 =

10) 2 + 4 =

11) 6 + 5 =

12) 5 + 9 =

13) 3 + 6 =

14) 8 + 5 =

# Day 4 Review

Keep practicing! You are working so hard. Great effort!

15) 8 + 2 =

16) 5 + 1 =

17) 3 + 3 =

18) 6 + 4 =

19) 4 + 10 =

20) 6 + 8 =

21) 9 + 3 =

22) 3 + 6 =

23) 4 + 5 =

24) 1 + 2 =

25) 3 + 2 =

26) 6 + 4 =

27) 4 + 7 =

28) 4 + 4 =

 Color in the stars each day when you finish!

# Day 5

Count ⇨

Learn ⇨ 3 + 7 = 10

Trace ⇨ 3 + 7 = 10

Copy ⇨

You are doing so well. Keep it up. Terrific!

1) 3 + 7 =
2) 7 + 3 =
3) 5 + 2 =
4) 7 + 1 =
5) 3 + 7 =

6) 2 + 7 =
7) 6 + 8 =
8) 7 + 3 =
9) 1 + 5 =
10) 7 + 0 =

Day 5

You are getting better each day. Woof! Yippee!

11) 3 + 7 =

12) 5 + 6 =

13) 2 + 7 =

14) 5 + 5 =

15) 9 + 3 =

16) 3 + 6 =

17) 2 + 7 =

18) 7 + 1 =

19) 6 + 2 =

20) 3 + 7 =

21) 8 + 3 =

22) 4 + 6 =

23) 7 + 2 =

24) 10 + 5 =

Day 6

Count ⇨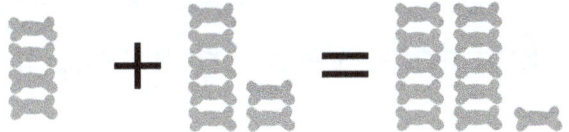

Learn ⇨ 4 + 7 = 11

Trace ⇨ 4 + 7 = 11

Copy ⇨

Zo says, "Try these...woof...go for it!"

1) 4 + 7 =

2) 7 + 4 =

3) 4 + 9 =

4) 6 + 4 =

5) 4 + 7 =

6) 2 + 4 =

7) 4 + 5 =

8) 7 + 4 =

9) 4 + 3 =

10) 8 + 4 =

© 2017 Page A Day Math, LLC

Day 6

You are on the right track. Wonderful! Keep it up!

11) 4 + 7 =

12) 3 + 4 =

13) 2 + 7 =

14) 5 + 4 =

15) 7 + 4 =

16) 6 + 3 =

17) 1 + 7 =

18) 2 + 8 =

19) 7 + 4 =

20) 4 + 2 =

21) 0 + 7 =

22) 7 + 3 =

23) 2 + 3 =

24) 9 + 2 =

 # Day 7

Count ➪

Learn ➪ 5 + 7 = 12

Trace ➪ 5 + 7 = 12

Copy ➪ ☐ + ☐ = ☐

OK, now try these. Mo knows you can do it.

1) 5 + 7 = ☐

2) 7 + 5 = ☐

3) 7 + 1 = ☐

4) 4 + 7 = ☐

5) 5 + 7 = ☐

6) 4 + 7 = ☐

7) 3 + 4 = ☐

8) 7 + 5 = ☐

9) 7 + 3 = ☐

10) 2 + 7 = ☐

© 2017 Page A Day Math, LLC

 # Day 7

Terrific! Good for you. Now finish these.

11) 5 + 7 =
12) 3 + 7 =
13) 3 + 3 =
14) 7 + 1 =
15) 2 + 7 =
16) 3 + 4 =
17) 7 + 5 =

18) 3 + 7 =
19) 7 + 4 =
20) 7 + 2 =
21) 5 + 3 =
22) 7 + 5 =
23) 7 + 4 =
24) 3 + 6 =

 # Day 8 Review

You are practicing and learning so much. Awesome!

1) $1 + 4 = $ ☐

2) $10 + 6 = $ ☐

3) $3 + 8 = $ ☐

4) $10 + 3 = $ ☐

5) $4 + 7 = $ ☐

6) $6 + 6 = $ ☐

7) $2 + 2 = $ ☐

8) $6 + 9 = $ ☐

9) $2 + 8 = $ ☐

10) $3 + 4 = $ ☐

11) $7 + 3 = $ ☐

12) $10 + 5 = $ ☐

13) $8 + 6 = $ ☐

14) $9 + 5 = $ ☐

 # Day 8 Review

The Math Squad admires your determination. Wonderful!

15) 6 + 2 =   22) 7 + 6 =

16) 4 + 5 =   23) 2 + 7 =

17) 8 + 6 =   24) 5 + 6 =

18) 5 + 7 =   25) 8 + 5 =

19) 6 + 5 =   26) 7 + 4 =

20) 7 + 3 =   27) 5 + 9 =

21) 9 + 6 =   28) 10 + 4 =

Day 9

Count ⇨

Learn ⇨ 6 + 7 = 13

Trace ⇨ 6 + 7 = 13

Copy ⇨

You are really improving. "Woof-woof."

1) 6 + 7 =
2) 7 + 6 =
3) 3 + 7 =
4) 7 + 4 =
5) 6 + 7 =

6) 7 + 4 =
7) 1 + 7 =
8) 7 + 6 =
9) 2 + 7 =
10) 7 + 5 =

Day 9

Super! You are doing so well. Yay!

11) 6 + 7 =

12) 5 + 6 =

13) 4 + 7 =

14) 9 + 5 =

15) 5 + 8 =

16) 4 + 9 =

17) 10 + 5 =

18) 8 + 3 =

19) 5 + 5 =

20) 7 + 5 =

21) 6 + 8 =

22) 3 + 7 =

23) 2 + 8 =

24) 7 + 4 =

Day 10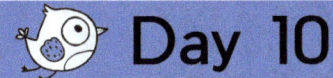

Count ⇨ 🦴🦴 + 🦴🦴 = 🦴🦴🦴🦴

Learn ⇨ 7 + 7 = 14

Trace ⇨ 7 + 7 = 14

Copy ⇨ ☐ + ☐ = ☐

You are so determined. Good for you! Arf-arf!

1) 7 + 7 = ☐
2) 7 + 3 = ☐
3) 6 + 7 = ☐
4) 7 + 2 = ☐
5) 7 + 7 = ☐

6) 5 + 7 = ☐
7) 7 + 1 = ☐
8) 7 + 7 = ☐
9) 0 + 7 = ☐
10) 7 + 4 = ☐

Day 10

You are improving every day. Keep up the great effort!

11) 7 + 7 =

12) 5 + 10 =

13) 4 + 5 =

14) 8 + 3 =

15) 9 + 4 =

16) 7 + 7 =

17) 4 + 4 =

18) 9 + 6 =

19) 6 + 3 =

20) 7 + 6 =

21) 6 + 9 =

22) 5 + 8 =

23) 7 + 4 =

24) 9 + 2 =

 Day 11

Count ➡ 🟰🟰 + 🟰🟰 = 🟰🟰🟰

Learn ➡ 8 + 7 = 15

Trace ➡ 8 + 7 = 15

Copy ➡

You have learned so much. Now try these.

1) 8 + 7 =
2) 7 + 8 =
3) 6 + 7 =
4) 7 + 4 =
5) 2 + 7 =
6) 7 + 7 =
7) 7 + 1 =
8) 8 + 2 =
9) 0 + 7 =
10) 5 + 7 =

Day 11

You make it look easy. Way to go. You are awesome!

11) 7 + 8 =

12) 4 + 6 =

13) 8 + 3 =

14) 7 + 5 =

15) 6 + 6 =

16) 5 + 8 =

17) 8 + 7 =

18) 2 + 6 =

19) 9 + 3 =

20) 8 + 4 =

21) 9 + 5 =

22) 7 + 8 =

23) 6 + 9 =

24) 8 + 6 =

 # Day 12 Review

You are a math star! Tremendous. Try these.

1) 4 + 9 =
2) 1 + 8 =
3) 3 + 10 =
4) 7 + 4 =
5) 8 + 2 =
6) 9 + 3 =
7) 4 + 6 =

8) 2 + 4 =
9) 3 + 7 =
10) 3 + 4 =
11) 4 + 5 =
12) 8 + 3 =
13) 5 + 6 =
14) 4 + 1 =

Day 12 Review

You have it now. Keep up the super effort. Go for it.

15) 5 + 5 =

16) 4 + 3 =

17) 5 + 6 =

18) 6 + 7 =

19) 2 + 5 =

20) 8 + 3 =

21) 9 + 2 =

22) 1 + 9 =

23) 7 + 7 =

24) 5 + 4 =

25) 3 + 5 =

26) 5 + 10 =

27) 6 + 2 =

28) 7 + 5 =

Day 13

Count ⇨ 🧮🧮 + 🧮 = 🧮🧮🧮

Learn ⇨ 9 + 7 = 16

Trace ⇨ 9 + 7 = 16

Copy ⇨ ☐ + ☐ = ☐

You have the hang of it. You're great at math!

1) 9 + 7 = ☐

2) 7 + 9 = ☐

3) 6 + 7 = ☐

4) 7 + 9 = ☐

5) 9 + 7 = ☐

6) 5 + 7 = ☐

7) 7 + 8 = ☐

8) 3 + 7 = ☐

9) 7 + 9 = ☐

10) 4 + 7 = ☐

Day 13

Nice going. You can be very proud of yourself. Wow!

11) 7 + 3 =

12) 3 + 8 =

13) 7 + 8 =

14) 9 + 6 =

15) 5 + 6 =

16) 7 + 5 =

17) 7 + 7 =

18) 7 + 1 =

19) 4 + 7 =

20) 3 + 9 =

21) 2 + 8 =

22) 1 + 10 =

23) 9 + 2 =

24) 7 + 9 =

 **Day 14**

Count ⇨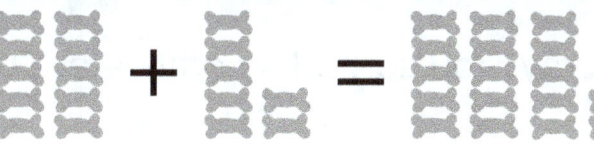

Learn ⇨ 10 + 7 = 17

Trace ⇨ 10 + 7 = 17

Copy ⇨ ☐ + ☐ = ☐

You are almost done with this book! Super!

1) 10 + 7 = ☐

2) 7 + 10 = ☐

3) 8 + 7 = ☐

4) 7 + 3 = ☐

5) 10 + 7 = ☐

6) 9 + 7 = ☐

7) 6 + 7 = ☐

8) 7 + 10 = ☐

9) 4 + 7 = ☐

10) 7 + 5 = ☐

Day 14

Last page. Hurray! You earned a certificate. Super cool.

11) 10 + 7 =

12) 4 + 9 =

13) 1 + 7 =

14) 7 + 4 =

15) 7 + 7 =

16) 6 + 6 =

17) 5 + 7 =

18) 7 + 3 =

19) 3 + 9 =

20) 8 + 7 =

21) 9 + 2 =

22) 7 + 9 =

23) 3 + 8 =

24) 2 + 7 =

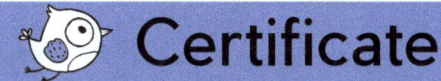 Certificate

HURRAY! YOU ARE A MATH STAR!

THE MATH SQUAD CONGRATULATES _____
FOR COMPLETING **ADDITION AND COUNTING, BOOK 7.**

www.ingramcontent.com/pod-product-compliance
Lightning Source LLC
Chambersburg PA
CBHW081403080526
44588CB00016B/2578